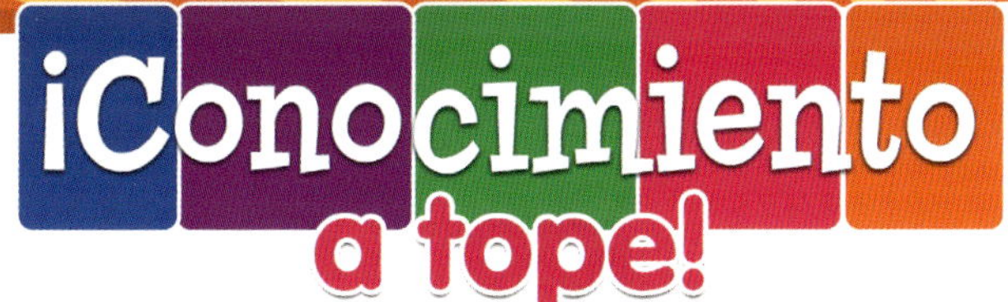

Asuntos matemáticos

# Veo en 3 dimensiones

Traducción de Pablo de la Vega

**Objetivos específicos de aprendizaje:**
Los lectores:

- Definirán formas en 3 dimensiones e identificarán conos, cubos, cilindros, prismas rectangulares y esferas.
- Describirán una forma en 3 dimensiones de acuerdo con el número y forma de sus caras.
- Usarán las imágenes y diagramas del libro para describir detalles clave acerca de las formas en 3 dimensiones.

| **Palabras de uso frecuente (primer grado)**<br>a, el, en, es, la, porque, son, su, tiene | **Vocabulario académico**<br>2 dimensiones, 3 dimensiones, anchura, cilindro, cono, cubo, longitud, prisma rectangular, forma, esfera |
|---|---|

**Estímulos antes, durante y después de la lectura:**

**Activa los conocimientos previos y haz predicciones:**
Muestra a los niños las imágenes de la tapa y hazlos que miren las distintas formas. Pregúntales:

- ¿Qué formas conocen? ¿Sobre cuáles formas les gustaría aprender?
- ¿Ven algún objeto en el aula con formas similares?

**Durante la lectura:**
Después de leer las páginas 18 y 19, pide a los niños que consideren cómo los diagramas los ayudan a entender de qué manera las formas en 2 dimensiones crean formas en 3 dimensiones. Hazles preguntas de estímulo como:

- Miren el diagrama del prisma rectangular. ¿Cuántas formas en 2 dimensiones ven? ¿El diagrama les ayuda a ver su forma y tamaño? Haz lo mismo con otras formas.
- Imaginen que no hubiera diagramas en la página. ¿Sería difícil imaginar cómo las formas en 2 dimensiones crean formas en 3 dimensiones?

**Después de la lectura:**
Juega con los niños el juego «¿Qué forma tengo?». Da a los niños pistas como: «Tengo seis caras. Todas son iguales. Mis caras son cuadrados» o «No tengo caras. Mis lados son curvos. Soy completamente redondo». Pide a los niños que alcen la mano cuando sepan la respuesta.

**Author:** Adrianna Morganelli

**Series development:** Reagan Miller

**Editor:** Janine Deschenes

**Proofreader:** Melissa Boyce

**STEAM notes for educators:** Janine Deschenes

**Guided reading leveling:** Publishing Solutions Group

**Cover and interior design:** Samara Parent

**Photo research:** Janine Deschenes and Samara Parent

**Print coordinator:** Katherine Berti

**Translation to Spanish:** Pablo de la Vega

**Edition in Spanish:** Base Tres

**Photographs:**
iStock: FooTToo: p. 6; design56: p. 13 (m); KarenMower: p. 13 (br)
Shutterstock: Zora Avagyan: cover (bl); Terry Putman: p. 11 (l); Popartic: p. 17 (bl)
All other photographs by Shutterstock

**Library and Archives Canada Cataloguing in Publication**

Title: Veo en 3 dimensiones / Adrianna Morganelli ; traducción de Pablo de la Vega.
Other titles: I see 3-D. Spanish | Veo en tres dimensiones
Names: Morganelli, Adrianna, 1979- author. | Vega, Pablo de la, translator.
Description: Series statement: ¡Conocimiento a tope! Asuntos matemáticos | Translation of: I see 3-D. | Includes index. | Text in Spanish.
Identifiers: Canadiana (print) 20200299972 | Canadiana (ebook) 20200299980 | ISBN 9780778783794 (hardcover) | ISBN 9780778783947 (softcover) | ISBN 9781427126467 (HTML)
Subjects: LCSH: Shapes—Juvenile literature. | LCSH: Geometry, Solid—Juvenile literature.
Classification: LCC QA445.5 .M67318 2021 | DDC j516/.156—dc23

**Library of Congress Cataloging-in-Publication Data**

Title: Veo en 3 dimensiones / Adrianna Morganelli ; traducción de Pablo de la Vega.
Other titles: I See 3-D. Spanish
Description: New York : Crabtree Publishing Company, 2021. | Series: ¡Conocimiento a tope! Asuntos matemáticos | Includes index.
Identifiers: LCCN 2020033116 (print) | LCCN 2020033117 (ebook) | ISBN 9780778783794 (hardcover) | ISBN 9780778783947 (paperback) | ISBN 9781427126467 (ebook)
Subjects: LCSH: Shapes--Juvenile literature. | Geometry, Solid--Juvenile literature.
Classification: LCC QA445.5 .M669518 2021 (print) | LCC QA445.5 (ebook) | DDC 516/.156--dc23

Printed in the U.S.A./102020/CG20200914

# Índice



**Crabtree Publishing Company**
www.crabtreebooks.com 1-800-387-7650
 In Canada: We acknowledge the financial support of the Government of Canada through the Canada Book Fund for our publishing activities.

**Published in Canada**
**Crabtree Publishing**
616 Welland Ave.
St. Catharines, Ontario
L2M 5V6

**Published in the United States**
**Crabtree Publishing**
347 Fifth Ave
Suite 1402-145
New York, NY 10016

**Published in the United Kingdom**
**Crabtree Publishing**
Maritime House
Basin Road North, Hove
BN41 1WR

**Published in Australia**
**Crabtree Publishing**
Unit 3 – 5 Currumbin Court
Capalaba
QLD 4157

# Día de feria

Los amigos Talía y Dante están contentos porque hay una feria en su ciudad. Talía ve su billete. «¡Dante, mira!», dice. «¡Hay muchas **formas en 2 dimensiones** en mi billete!».

¿Qué formas en 2 dimensiones ves en la fotografía de esta feria?

Las formas en 2 dimensiones son planas, como los dibujos en un papel. Tienen **longitud** y **anchura**. Cuadrados, círculos, triángulos y rectángulos son formas en 2 dimensiones.

# Formas en 3 dimensiones

Talía y Dante piensan que será divertido buscar formas en el carnaval. «Ahora busquemos **formas en 3 dimensiones**», dice Dante.

¡Talía y Dante notan formas a su alrededor!

Las formas en 3 dimensiones ocupan espacio. No son planas. Pueden ser tomadas y sostenidas.

Estas pelotas tienen formas en 3 dimensiones. Ocupan el espacio de una divertida piscina de pelotas.

# Encuentra los prismas rectangulares

Los amigos miran la taquilla. «¡Veo un prisma rectangular!», dice Dante.

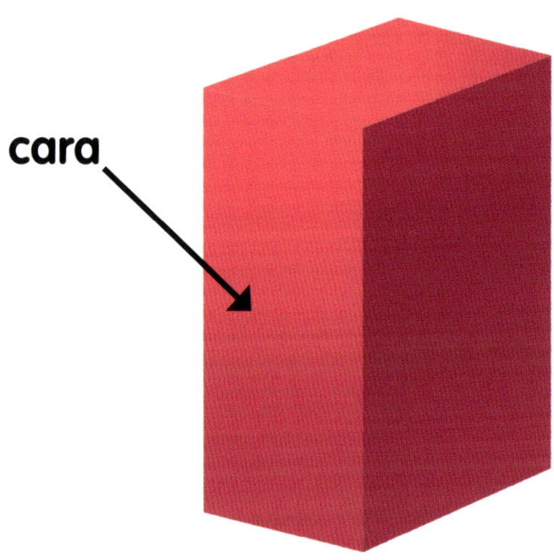

Un prisma rectangular es una forma en 3 dimensiones hecha de seis **caras**. Las caras son los lados de la forma en 3 dimensiones.

Cada cara en un prisma rectangular es un rectángulo. Las caras en cada extremo del prisma rectangular tienen el mismo tamaño.

¿Cuántos prismas rectangulares ves?

# Mira los cilindros

Los niños quieren jugar un juego. Dante toma un saquito relleno. Debe arrojarlo para derribar una pila de latas. Cada lata es un cilindro.

Los cilindros son formas en 3 dimensiones con dos caras.

Un cilindro tiene un lado **curvo**. Ambas caras son círculos. Cada cara es una base, o extremo, de un cilindro. Las caras son del mismo tamaño.

¿Cuántos cilindros ves?

# Conos de carnaval

El estómago de Talía comienza a rugir. «Me está dando hambre», dice. «¡A mí también!», dice Dante. La mamá de Talía les compra helados. «Los conos de nuestros helados parecen otra forma en 3 dimensiones», dice Dante.

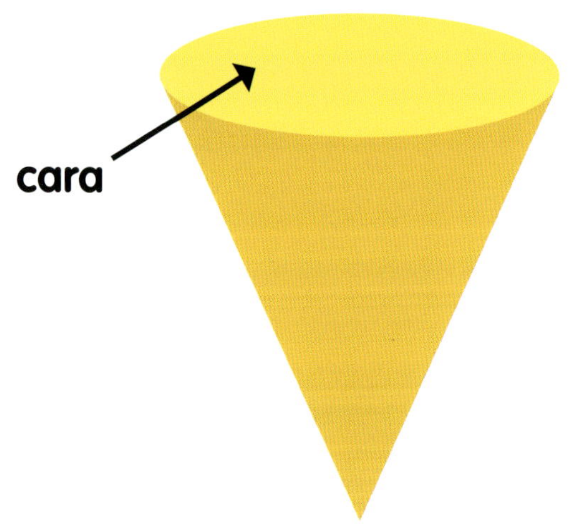


¡Un cono también es una forma en 3 dimensiones! Tiene una cara.

Un cono tiene una cara **circular**.
La cara es la base del cono.
Un cono tiene un lado curvo.
El lado curvo se alarga hasta
hacerse un punto.

¿Cuántos conos ves?

# Busca las esferas

Los amigos quieren ganarse un premio. «Intentemos encestar el balón de básquetbol», sugiere Dante. Talía toma un balón. «¿Sabes qué forma en 3 dimensiones tiene el balón?», pregunta Dante.

¡El balón de básquetbol es una esfera! Una esfera no tiene caras.

Una esfera no tiene caras o bases. Es completamente redonda.

¿Cuántas esferas ves?

# Veo cubos

«¡Mira!», dice Talía. Señala una piscina llena de cubos de hule espuma. Su amigo salta en la piscina. Dante toma un cubo de hule espuma con sus manos. «¡Esto también es una forma en 3 dimensiones!», le dice a Talía.

Un cubo es una forma en 3 dimensiones. Tiene seis caras.

Un cubo tiene seis caras. Cada cara es un cuadrado. Todas las caras son del mismo tamaño.

¿Cuántos cubos ves?

# Hechas de formas en 2 dimensiones

Muchas formas en 3 dimensiones están hechas de una o más formas en 2 dimensiones. ¿Puedes ver las formas en 2 dimensiones que crean estas formas en 3 dimensiones?

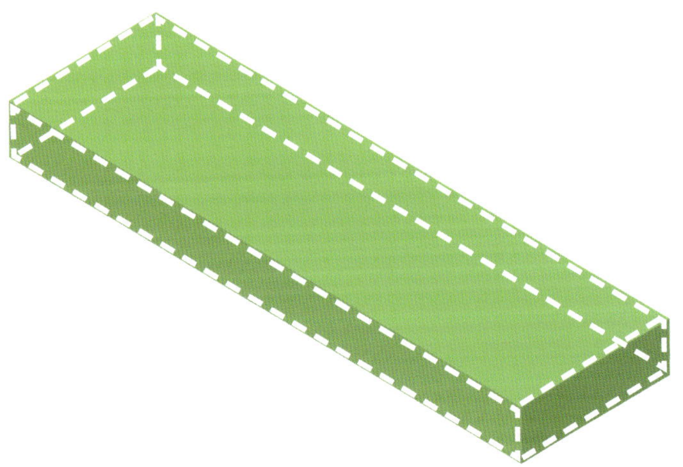

Los prismas rectangulares están hechos de seis rectángulos.

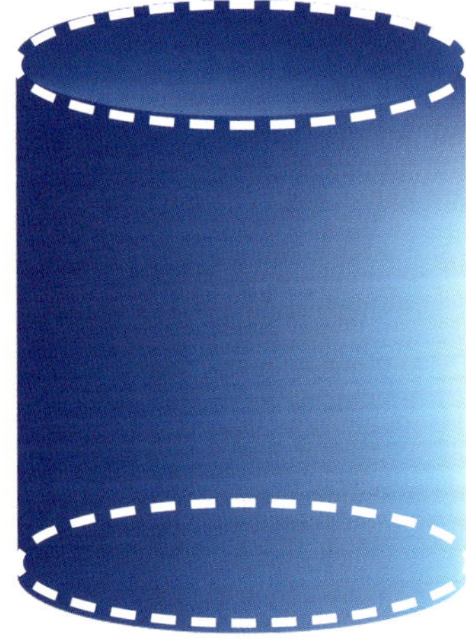

Podemos ver dos círculos en un cilindro. Hay uno en cada extremo.

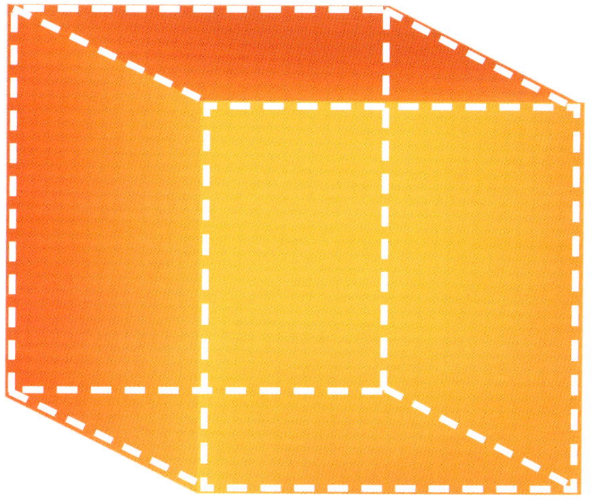

Los cubos están hechos
de seis cuadrados.

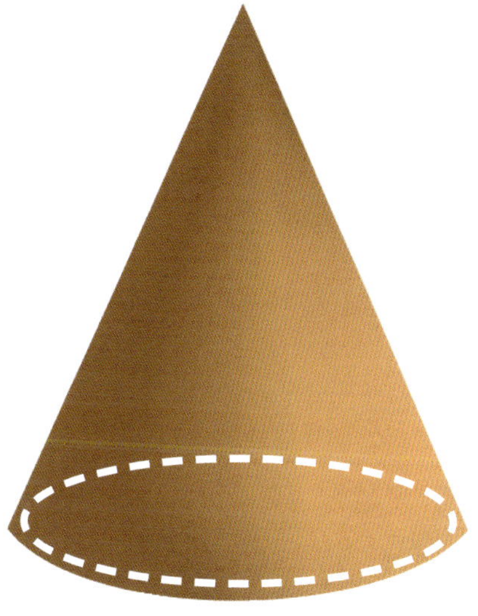

Un cono tiene un círculo.
El círculo es la base.

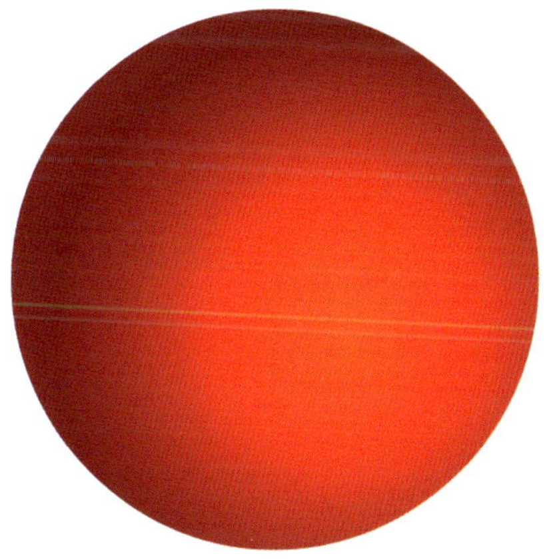

¿Cuántas formas en 2 dimensiones
ves en esta esfera? Las esferas no
tienen formas en dos dimensiones.

# Todo junto

Los niños acaban el día brincando en el castillo inflable. «Puedo encontrar muchas formas en 3 dimensiones aquí», dice Talía. «¡Veo cilindros, conos y prismas rectangulares!», dice Dante.

Podemos hacer **estructuras** al colocar diferentes formas en 3 dimensiones juntas.

Mira este castillo inflable. Está hecho de muchas formas en 3 dimensiones. ¿Puedes nombrarlas?

# Palabras nuevas

**anchura**: sustantivo. La distancia entre un lado y otro en el ángulo opuesto al de la longitud.

**caras**: sustantivo. Las superficies planas o lados de una forma.

**circular**: adjetivo. Que tiene la forma de un círculo.

**curvo**: adjetivo. Que tiene la forma de una curva, o de una línea recta que se dobla gradualmente.

**estructuras**: sustantivo. Cosas construidas con muchas partes.

**formas en 2 dimensiones**: sustantivo. Bidimensional; plana o que no ocupa un espacio.

**formas en 3 dimensiones**: sustantivo. Tridimensional; que ocupa un espacio.

**longitud**: sustantivo La distancia de un extremo a otro.

Un sustantivo es una persona, lugar o cosa.

Un verbo es una palabra que describe una acción que hace alguien o algo.

Un adjetivo es una palabra que te dice cómo es alguien o algo.

# Índice analítico



## Sobre la autora

Adrianna Morganelli es una editora y escritora que ha trabajado en una innumerable cantidad de libros de Crabtree Publishing. Actualmente está escribiendo una novela para niños.

**Para explorar y aprender más, ingresa el código de abajo en el sitio de Crabtree Plus.**

www.crabtreeplus.com/fullsteamahead

(página en inglés)

**Tu código es:**
**fsa20**

# Notas de STEAM para educadores

¡Conocimiento a tope! es una serie de alfabetización que ayuda a los lectores a desarrollar su vocabulario, fluidez y comprensión al tiempo que aprenden ideas importantes sobre las materias de STEAM. *Veo en 3 dimensiones* usa imágenes y diagramas para ayudar a los lectores a reunir y entender información sobre las formas en 3 dimensiones. La actividad STEAM de abajo ayuda a los lectores a expandir las ideas del libro para el desarrollo de habilidades matemáticas, artísticas y de ingeniería.

## Una escultura de formas

Los niños lograrán:

- Crear una escultura que use las cinco formas en 3 dimensiones mencionadas en el libro.
- Hacer un modelo de su escultura para planear cómo mantenerla en pie.

**Materiales**

- Materiales para construir, como pegamento, cinta adhesiva, cartón, papel u objetos (pelotas, cajas) o bloques en 3 dimensiones, si así se desea.
- Hoja de trabajo de un modelo de escultura.

**Guía de estímulos**

Después de leer *Veo en 3 dimensiones*, pregunta a los niños:

- ¿Cómo se hace una forma en 3 dimensiones? ¿En qué se diferencia de una forma en 2 dimensiones?
- ¿Pueden nombrar las cinco formas en 3 dimensiones que aprendieron en el libro?

**Actividades de estímulo**

Explica a los niños que usarán las cinco formas en 3 dimensiones que aprendieron en el libro, para crear una escultura artística. Su escultura tiene que poder mantenerse de pie por sí sola.

Los niños pueden trabajar en grupos de tres o cuatro, en parejas o individualmente. Pide a los niños que antes de comenzar llenen la hoja de trabajo de un modelo de escultura.

- Primero, necesitarán practicar sus habilidades de ingeniería dibujando un modelo de su escultura. El modelo puede ser un dibujo o un diagrama. Repasa estos tipos de modelos con los niños. El modelo debe mostrarles si su escultura se mantendrá de pie y si incluye los 5 tipos de formas en 3 dimensiones.

Habla con cada uno de los niños para asegurarte de que su modelo tenga sentido. Anímalos a mejorarlos si es necesario. Luego, da tiempo a los niños para crear sus esculturas.

Muestra las esculturas y pide a los niños que compartan su trabajo. Habla con ellos sobre lo que funcionó bien al construir las esculturas y lo que podría mejorar. Pregunta a los niños cómo dibujar un modelo los ayudó a planear su escultura.

**Extensiones**

Crea nuevas esculturas o proyectos de arte con otras especificaciones. Por ejemplo, haz algo de cierta altura o con cierto número de caras. Usa modelos para planear.

Para ver y descargar las hojas de trabajo, visita **www.crabtreebooks.com/resources/printables** o **www.crabtreeplus.com/fullsteamahead** (páginas en inglés) e ingresa el código **fsa20**.